La Lune vue sous différentes latitudes

Peter D. Geldart

Membre de la SRAC

Traduit de l'anglais par Google Traduction

La Lune vue sous différentes latitudes
Peter D. Geldart
membre de la SRAC.
geldartp@gmail.com

Environ 3 800 mots.
42 pages
10 x 15 cm

Arial 8
Courier New 14
Times New Roman 11

Traduit de l'anglais par Google Traduction

Couverture :
Une Lune gibbeuse se levant au-dessus d'un lac un soir de
  décembre (remarquez la glace au loin). Vue vers le sud-
  est depuis 45,4693 ° de latitude nord et 75,8106 ° de
  longitude ouest. Photographie de l'auteur vers 1900. 1990.

Petra Books
MBO Coworking
78, rue George, bureau 204
Ottawa (Ontario) K1N 5W1
613-294-2205

Publié en partie dans le British Astronomical Association
  Journal, avril 2025.

Contenu

Geldart

Résumé

L'altitude de la Lune au-dessus de l'horizon dépend de votre latitude et de l'angle que forme son orbite avec le plan équatorial de la Terre (sa déclinaison). La formule de l'altitude maximale est donnée. Créature des tropiques, la Lune n'est visible au zénith qu'à 28,5° de latitude nord et sud au maximum. L'auteur présente des cartes de l'altitude de la Lune observée sous différentes latitudes, été comme hiver, et aborde les transits supérieurs et inférieurs.

Geldart

Introduction

Cet essai vise à mettre en lumière les facteurs qui influencent la trajectoire apparente et l'altitude de la Lune observée sous différentes latitudes. C'est la même Lune, dans la même phase, qui se présente à tous ceux qui se trouvent du côté obscur de la Terre, quelle que soit leur latitude. La Lune peut également être observée en journée, par exemple avec une Lune pâle dans le ciel occidental lorsque le Soleil se lève à l'est, ou avec la Pleine Lune se levant à l'est lorsque le Soleil se couche à l'ouest.

Les graphiques des pages suivantes présentent les courbes d'altitude de la Lune observées depuis trois latitudes basses à moyennes : 0° (équateur), 22° et 45°, et trois latitudes hautes : 70°, 80° et 90° (pôle). Pour situer le contexte, les lieux habités à ces latitudes comprennent Rio de Janeiro et Singapour (0°), Hong Kong et São Paulo (22° N et S), Venise et Queenstown (45° N et S), Inuvik et Mourmansk (70° N) et Alert (80° N). Le seul lieu habité à un pôle est la station Amundsen-Scott du pôle Sud (90° S).

En raison de la rotation de la Terre vers l'est, la Lune se lève à l'est, transite (en regardant vers l'équateur) et se couche à l'ouest. [1] Comme pour le Soleil, les planètes et les étoiles, le mouvement de la Lune vers l'ouest est illusoire : c'est l'observateur qui est entraîné vers l'est par la rotation de la Terre. La progression apparente de la Lune vers l'ouest est légèrement inférieure à celle des étoiles d'arrière-plan en raison de sa propre orbite réelle vers l'est.

J'ai utilisé les données du JPL Horizons de la NASA.[2] avec une longitude de Greenwich (0°), le temps universel (UT) et l'année d'échantillonnage 2030.

---

1 On parle de transit lorsqu'un objet céleste semble traverser le méridien de l'observateur, une ligne imaginaire reliant un pôle à l'autre en passant par le zénith, juste au-dessus de lui. Les termes « lever, transit, coucher » (RTS) sont des termes artificiels désignant l'effet de la rotation de la Terre. Voir la vidéo accélérée d'Aryeh Nirenberg sur https://youtu.be/1zJ9FnQXmJl

2 Le service de données Horizons du JPL de la NASA : https://ssd.jpl.nasa.gov/horizons/
Autres sites intéressants :
- Le service de données de l'Observatoire naval des États-Unis : https://aa.usno.navy.mil
- L'heure et la date : https://www.timeanddate.com/moon/

Méthodologie

J'ai commencé cette enquête, intrigué par le fait que la vitesse de rotation vers l'est d'un point de la surface terrestre diminue avec l'augmentation de la latitude, et que la sphère céleste semble se déplacer plus lentement vers l'ouest jusqu'à ce que, vues du pôle, les étoiles soient circumpolaires. La Lune, dont l'orbite est prograde, semble se déplacer vers l'est par rapport aux étoiles d'arrière-plan de 13,2° par jour.[3] Mon hypothèse était que le mouvement apparent de la Lune vers l'ouest devrait diminuer à mesure que la latitude augmente et qu'à proximité et au pôle, elle devrait se déplacer vers l'est sur son orbite vraie.

Examen détaillé des éphémérides de la Lune à JPL Horizons (ascension droite, azimut, angle local apparent, mouvement du ciel)[4] Je n'ai pas trouvé de facteur diminuant à mesure que la latitude de l'observateur augmente.

---

3 https://public.nrao.edu/ask/variability-of-the-moons-apparent-motion-through-the-sky/

4 JPL Horizons settings: R.A._(a-app), dRA*cosD, Azi_(a-app), dAZ*cosE, L_Ap_Hour_Ang, Sky_motion, Sky_mot_PA, and RelVel-ANG.

Cependant, la Lune reste au-dessus de l'horizon pendant plusieurs jours aux hautes latitudes, ce qui doit être lié à sa circonférence plus courte et à sa vitesse de rotation plus faible. J'ai également découvert quelques dates au cours de l'année d'échantillonnage (2030) où, à 90°, la Lune s'est levée à l'ouest et s'est couchée à l'est. Cependant, les valeurs d'azimut de lever et de coucher étaient souvent apparemment aléatoires.

Jeff C., développeur des éphémérides Sunmooncalc, qui m'a également signalé l'équation (1), ainsi que les références à Duffett-Smith et Meeus, a indiqué :

«...les contributions relatives [5] ne varient pas avec la latitude. Aux pôles, la vitesse linéaire est nulle et la direction est pratiquement insignifiante. ... Aux latitudes extrêmes, le lever et le coucher sont principalement déterminés par les variations de déclinaison, de sorte que l'azimut semble quelque peu aléatoire. ... Le taux de variation dépend autant de la déclinaison que de la latitude, et il n'existe pas de formule aussi simple que celle de l'altitude maximale. »

- Jeff C., communication par courriel, 2025

---

5 Un jour sidéral dure 23 h 56 min 4 s... la vitesse angulaire de la Terre est donc $\omega E = 360°/23,934444$ h = $15,041085°/$h. La Lune effectue une orbite complète en un mois sidéral, sa vitesse angulaire orbitale est donc $\omega M = 360°/27,321661$ jours = $0,54901494°/$h. L'orbite de la Lune étant prograde, sa vitesse angulaire par rapport à un observateur terrestre est donc $\omega E - \omega M = 15,041085°/$h − $0,54901494°/$h = $14,49207°/$h. 96,3 % du mouvement est donc dû à la rotation de la Terre. — Jeff C., communication par courriel, 2025.

Concernant le mouvement apparent de la Lune vu sous différentes latitudes, Jon G., de JPL Horizons, a déclaré :

« L'azimut et l'élévation sont des coordonnées locales transmises par la rotation de la Terre, basées sur la direction zénithale locale et le plan qui lui est perpendiculaire. ... définir la Lune (301) comme cible, demander la sortie des quantités n° 2 (AD et DEC), n° 3 (taux AD et DEC), n° 4 (angles azimutal et azimutal), n° 5 (taux azimutal et azimutal) et/ou n° 47 (mouvement du ciel). »

- Jon G., communication par courriel, 2025.

Je n'ai pas pu démontrer que la véritable orbite de la Lune commence à être révélée aux observateurs à mesure que leur latitude augmente. Peut-être que des observations réelles à ces hautes latitudes pour chronométrer la trajectoire de la Lune, plutôt que de s'appuyer sur des tableaux de données calculés, apporteraient une réponse.

Pour le reste de l'essai, il a été simple de produire des graphiques dans Microsoft Excel à partir des données du JPL Horizons, montrant l'altitude apparente de la Lune en hiver et en été, telle qu'observée depuis six latitudes types.

Un système de coordonnées

Comme les anciens, on peut imaginer une voûte céleste surmontée de minuscules points lumineux. Sur celle-ci sont projetées les lignes de longitude et de latitude de la Terre.

Les systèmes de coordonnées aident à comprendre la relation Terre-Lune. Duffett-Smith :

« Pour déterminer la position de tout objet astronomique, il faut un référentiel, ou système de coordonnées, qui attribue une paire de nombres différente à chaque point du ciel. Ces deux nombres, ou coordonnées, désignent généralement la circonférence et la hauteur d'un objet à la surface de la Terre. Il existe… le système de l'horizon, le système équatorial, le système écliptique et le système galactique. » [6]

Une ligne longitudinale allant d'un pôle à l'autre et passant par le zénith juste au-dessus constitue le méridien de l'observateur. Lorsque la Terre tourne, un corps céleste semble se déplacer d'est en ouest à travers le méridien de l'observateur, où il atteint alors son altitude

---

6 *Practical Astronomy with your Calculator.* Peter Duffett-Smith. Cambridge University Press, 2nd ed. 1981.

maximale. C'est son transit supérieur. Douze
heures plus tard, alors que la Terre tourne et
déplace l'observateur vers « l'autre côté », il
semble croiser à nouveau le méridien à son
transit inférieur, probablement sous l'horizon, à
moins qu'aux hautes latitudes, en regardant vers
le pôle, vous ne le voyiez comme circumpolaire,
restant au-dessus de l'horizon.

Une formule pour l'altitude de la Lune peut
être déduite. L'altitude maximale de la Lune,
hmax, est calculée à partir de sa déclinaison (δ)
et de la latitude de l'observateur (ϕ) comme
suit :[7]

hmax = $90° - |\delta - \phi|$ (Équation 1)

7 Voir aussi Krisciunas K. et al. *The first three rungs of the cosmological distance ladder*, Am. J. Phys., 80(5), p. 430 (2012). https://scispace.com/pdf/the-first-three-rungs-of-the-cosmological-distance-ladder-1zeg8nff9i.pdf

Notez que les valeurs d'altitude et de déclinaison obtenues à partir d'Horizons du JPL sont topocentriques (l'observateur est à la surface de la Terre) :

« Pour les objets du système solaire… la parallaxe est la différence de direction entre une observation topocentrique (par l'observateur réel à la surface de la Terre) et une observation géocentrique hypothétique [un observateur au centre de la Terre] ». [8]

---

8 Meeus J., *Astronomical Algorithms*, 2nd ed., Willmann-Bell Inc., Richmond, Virginia, 1988, p. 412.

Observer latitude on the Earth (deg)	Earth circumference (km)	Observer on the Earth's surface: linear speed of eastward rotation (km/hr) $2\pi R \times \cos(lat) /24\ hr$	Moon above the horizon when on the night side of Earth (hrs)
0° (equator)	40,000 km	1670 km/hr	12 hrs
22°	37,000	1550	6-12 hrs
45°	28,000	1200	6-12 hrs
70°	14,000	570	Various hrs and one 6-day period /month
80°	7,000	290	Various hrs and one 11-day period /month
90° (poles)	0	0	One 14-day period /month. (half a month)

Tableau 1 Variation des facteurs dus à la rotation de la Terre vers l'est.
Sources : https://www.vcalc.com/wiki/MichaelBartmess/Rotational-Speed-at-Latitude.
Service de données Horizons de la NASA et du JPL : https://ssd.jpl.nasa.gov/horizons/.

La rotation de la Terre

Le Soleil, la Lune, les planètes et la sphère céleste dans son ensemble semblent se déplacer d'est en ouest en raison de la rotation de la Terre vers l'est. Il est courant que la Lune et le Soleil se lèvent et se couchent plus rapidement et plus perpendiculairement à l'horizon à l'équateur qu'aux autres latitudes. De plus, la vitesse d'un observateur à la surface de la Terre diminue à mesure que la latitude augmente, car la circonférence à parcourir en 24 heures est plus petite. À des latitudes plus élevées, le Soleil et la Lune se lèvent et se couchent à un angle par rapport à l'horizon et mettent plus de temps à le faire. Au-delà d'environ 70°, la Lune reste au-dessus de l'horizon pendant plusieurs jours, car elle est visible, dans l'hémisphère nord, au sud (transit supérieur) et continue de se maintenir au-dessus de l'horizon lorsque l'observateur tourne autour du pôle, la voyant au-dessus du pôle nord lors d'un transit inférieur. Dans le tableau 1 (à gauche), les périodes de plusieurs jours de la colonne 4 aux trois hautes latitudes doivent être liées à la diminution de la vitesse de rotation (colonne 3). Rappelons qu'en été, aux hautes latitudes, le Soleil est continuellement au-dessus de l'horizon (soleil de minuit), ce qui peut atténuer la visibilité de la Lune.

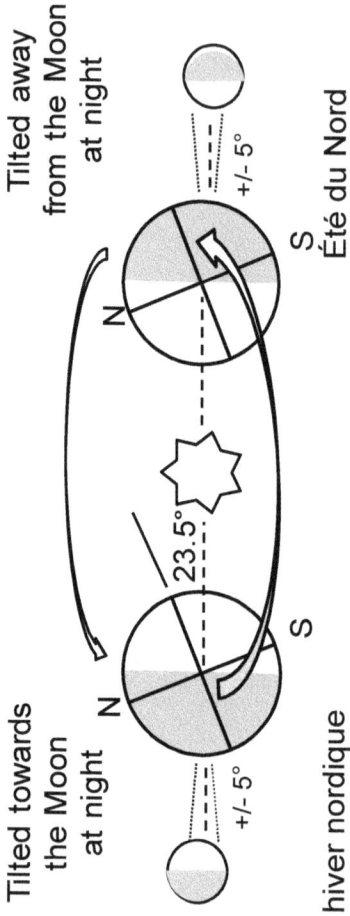

Diagram A. The Earth-Moon system's orbit around the Sun showing the northern hemisphere winter (L) and summer (R) Author's diagram, not to scale. CC-BY-SA Geldart

Tilted away from the Moon at night

Tilted towards the Moon at night

Été du Nord

hiver nordique

+/- 5°

+/- 5°

23.5°

Inclinaison de la Terre

Comme le montre le schéma A, la Terre est inclinée de 23,5° sur son axe, de sorte que, pendant l'hiver boréal (L), l'hémisphère nord est incliné à l'opposé du Soleil. Six mois plus tard, l'hémisphère nord est incliné vers le Soleil, ce qui donne l'été boréal (R).[9]

Comme le Soleil et la pleine Lune, comme illustré, sont par définition opposés, lorsque la déclinaison du Soleil est minimale en hiver boréal (L), celle de la pleine Lune doit être maximale, et inversement en été boréal (R). Par conséquent, l'altitude maximale de la pleine Lune est plus élevée en hiver qu'en été.

L'inclinaison variable de l'orbite lunaire par rapport à l'écliptique, d'environ 5°, est également illustrée.

---

9 L'inclinaison axiale de la Terre, de 23,5°, est la même tout au long de son orbite et ne varie que de quelques degrés sur environ 26 000 ans, car l'orientation de son axe tourne lentement, ou précesse, comme celle d'une toupie. Voir https://space-geodesy.nasa.gov/multimedia/videos/EarthOrientationAnimations/EOAnimations.html

Les tropiques

Comme l'inclinaison axiale de la Terre signifie que l'équateur est incliné d'environ 23,5° par rapport à son orbite autour du Soleil, l'écliptique, la région où le Soleil peut être au zénith (sa déclinaison), s'étend de 23,5° N à 23,5° S. Cette région, appelée tropique (du grec tropikós, qui signifie « tournant »), est délimitée par le tropique du Cancer (23,5° N) et le tropique du Capricorne (23,5° S).

La Lune possède également des tropiques lunaires, mais ceux-ci varient en raison de l'inclinaison orbitale de 5° de la Lune par rapport à l'écliptique, qui, en raison de la précession[10] L'orbite lunaire s'étend de 18,5° à un maximum de 28,5° de latitude nord-sud : au-delà de 28,5° nord dans l'hémisphère nord, la Lune est visible lors de son transit de minuit (lorsqu'elle traverse votre méridien) vers le sud, et à des latitudes supérieures à 28,5° dans l'hémisphère sud, elle est visible lors de son transit vers le nord. La

---

10 L'orbite de la Lune précesse (tourne) sur un cycle de 18,6 ans et l'inclinaison orbitale de la Lune de 5° est soit ajoutée soit soustraite de l'inclinaison de la Terre de 23,5° sur ce cycle, de sorte que l'inclinaison de la Lune par rapport à l'équateur terrestre varie entre environ 18,5° et 28,5° de latitude nord-sud.

Lune ne peut être au zénith de l'observateur que lorsque sa déclinaison et sa latitude sont égales, ce qui signifie que cela ne se produit que jusqu'à un maximum de 28,5° de latitude nord-sud.

L'orbite lunaire est inclinée par rapport au plan équatorial de la Terre (par définition, votre horizon est parallèle à l'équateur), de sorte que la Lune se déplace au-dessus et en dessous de ce plan au cours d'un mois lunaire. De ce fait, l'angle de la Lune avec l'équateur (sa déclinaison) varie au cours du mois. Jean Meeus :

« Le plan de l'orbite lunaire forme avec le plan de l'écliptique un angle de 5°. Par conséquent, dans le ciel, la Lune se déplace approximativement le long de l'écliptique et, à chaque révolution (27 jours), elle atteint sa plus grande déclinaison nord… et deux semaines plus tard sa plus grande déclinaison sud. Comme l'orbite lunaire forme avec l'écliptique un angle de 5°, et que l'écliptique forme un angle de 23° avec l'équateur céleste, les déclinaisons extrêmes de la Lune se situent entre 18° et 28° (nord ou sud), environ. »[11]

---

11 *Astronomical Algorithms*. 2nd ed. Jean Meeus. Willmann-Bell, 1998. *Notez qu'il a arrondi certains chiffres.*

Geldart

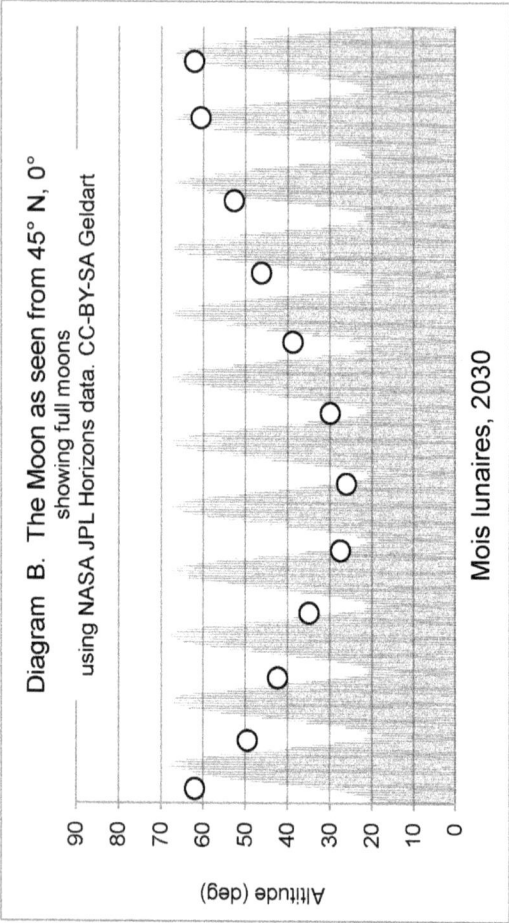

Diagram B. The Moon as seen from 45° N, 0°
showing full moons
using NASA JPL Horizons data. CC-BY-SA Geldart

Altitude (deg)

Mois lunaires, 2030

Mois lunaires

Le tracé de l'altitude de la Lune, vue depuis 45° de latitude nord et 0° de longitude, pour l'ensemble de l'année 2030, montre des ondulations ombrées de mois lunaires sidéraux d'environ 29,5 jours, similaires toute l'année, sans variation saisonnière (diagramme B). L'orbite de la Lune est indépendante de nos saisons, de nos mois, de notre cycle jour-nuit diurne et de sa propre phase.[12], et d'ailleurs les solstices et équinoxes du Soleil. Les pleines Lunes (lorsque la Lune est opposée au Soleil, plus ou moins directement derrière la Terre) sont indiquées. Elles sont plus basses en été et plus hautes en hiver en raison de l'inclinaison quasi fixe de la Terre sur son orbite (diagramme A).

---

12 La Lune elle-même est toujours pleinement illuminée du côté du Soleil pendant toute son orbite (sauf si elle passe dans l'ombre de la Terre) et ce n'est que depuis la Terre que nous voyons sa face tournée vers nous, progressivement illuminée selon différentes phases. La courbe convexe de la partie illuminée fait face au Soleil, qui se trouve bien sûr sous l'horizon la nuit. Le jour, nous pouvons voir une Lune pâle (toujours du côté de la Terre), le Soleil se trouvant dans la partie opposée du « dôme céleste ». La phase de la Lune est indépendante de sa trajectoire apparente et de son altitude. Ce n'est qu'un artefact de l'illumination que nous percevons depuis la Terre.

L'année 2030 se situe à peu près à mi-chemin de la précession de l'orbite lunaire sur 18,6 ans, et son altitude varie de 5° au cours de cette période. Les courbes ombrées seraient inférieures d'environ 5° lors de l'immobilité lunaire mineure de 2015 et supérieures d'environ 5° lors de l'immobilité lunaire majeure de 2043. Lorsque la Lune est à ses déclinaisons minimale (18,5°) et maximale (28,5°), on parle d'immobilité car la Lune se lève à peu près au même point à l'horizon pendant quelques nuits. On peut parler de lunistice (comparer au solstice, lorsque le Soleil se trouve au tropique du Cancer à 23,5° N ou au tropique du Capricorne à 23,5° S).

La Lune vue depuis les latitudes basses et moyennes

Les graphiques 1 et 2 suivants montrent qu'à ces dates, l'altitude de la pleine Lune diminue à mesure que la latitude de l'observateur augmente (0°→22°→45°) et qu'elle apparaît plus haute en hiver qu'en été.

À des latitudes inférieures à 70° environ, la Lune se lève, transite et se couche, et son transit inférieur ultérieur, 12 heures plus tard, est invisible sous l'horizon.

1. Full moon as seen from low latitudes in summer

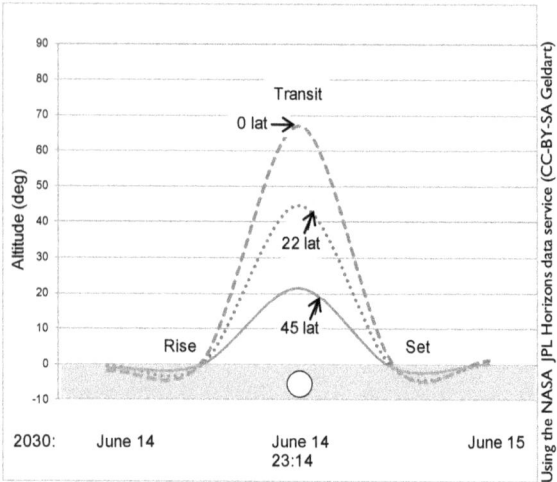

Notez que la pleine Lune transite le méridien de l'observateur (la direction vers l'équateur, c'est-à-dire à peu près plein sud pour ceux de l'hémisphère nord et plein nord pour ceux de l'hémisphère sud) vers minuit le 14 juin et un demi-mois plus tard, la nouvelle Lune (non éclairée de notre côté) transite vers midi mais la vue est submergée par la lumière du soleil (à moins que la Lune ne passe devant le Soleil, donnant une éclipse solaire).

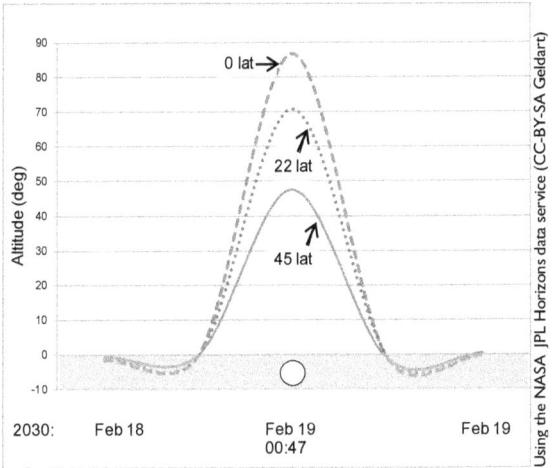

2. Full moon as seen from low latitudes in winter

Le graphique 2 montre que les courbes de l'altitude de la Lune sont plus élevées en février 2030 qu'en juin (graphique 1).

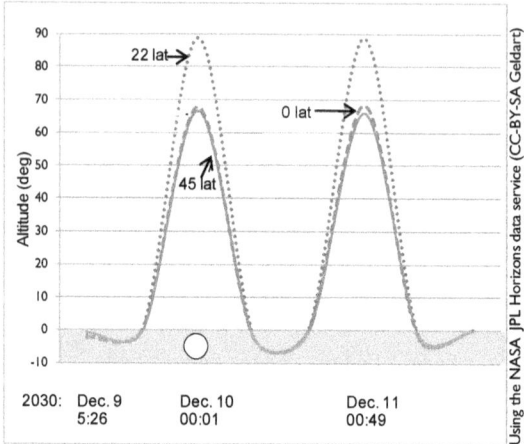

3. Full moon as seen from low latitudes in winter

Tout comme elle peut être vue au zénith depuis l'équateur, la Lune peut également être vue au zénith depuis d'autres latitudes, jusqu'à une latitude maximale de 28,5° N ou S..

Sur la carte 3 de décembre 2030, la pleine Lune apparaît plus haute à partir de la latitude 22° que depuis l'équateur (0°), ce qui n'était pas le cas en février où elle était plus haute depuis 0° (carte 2). La vue depuis 0° et 45° est à peu près la même, mais dans l'hémisphère nord, à partir de 0°, la Lune est vue vers le nord et à partir de 45° N, vers le sud..

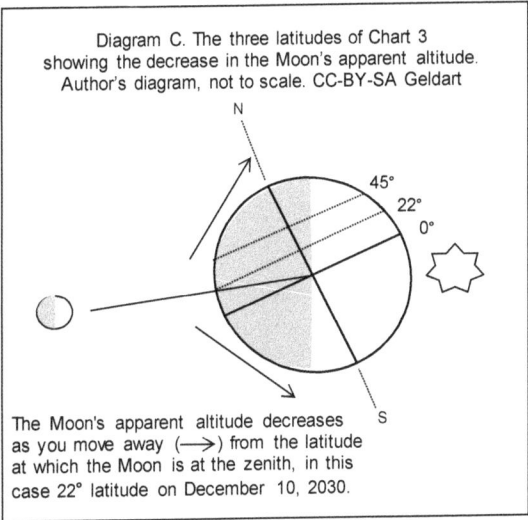

Diagram C. The three latitudes of Chart 3 showing the decrease in the Moon's apparent altitude. Author's diagram, not to scale. CC-BY-SA Geldart

N

45°
22°
0°

The Moon's apparent altitude decreases as you move away (⟶) from the latitude at which the Moon is at the zenith, in this case 22° latitude on December 10, 2030.

S

À l'appui du graphique 3, le diagramme C montre graphiquement que l'altitude apparente de la Lune est plus élevée vue depuis 22° de latitude nord que depuis 0° (équateur) : elle atteint son altitude maximale près du zénith.

Ceci peut être expliqué par l'équation 1 :

Pleine Lune vue le 10 décembre 2030 (graphique 3)

0° lat. : hmax = 90° □ | 21° □ 0°| = 69°
22° lat. : hmax = 90° □ | 21° □ 22°| = 89° (au zénith)
45° lat. : hmax = 90° □ | 21° □ 45°| = 66°

Une autre façon d'envisager cela est de noter qu'à cette date, vue de l'équateur, la Lune apparaît au nord, à 22° de latitude nord, elle apparaît directement au zénith (environ au zénith), et à 45° de latitude nord, elle apparaît au sud. Lorsque la latitude de l'observateur (45°) est supérieure à la déclinaison de la Lune (environ 21°), le transit de la Lune se fait au sud ; lorsque la latitude de l'observateur (0°) est inférieure, le transit se fait au nord. Puisque la Lune est au zénith vue depuis 22° de latitude nord, tous les observateurs au nord la voient au sud, tandis que ceux au sud la voient au nord.

La Lune vue depuis les hautes latitudes

Dans la zone centrale de la carte 4 suivante (été), à la mi-juin, il est clair qu'à partir de 70° de latitude, la pleine Lune est à peine visible à l'horizon.[13] et à partir des latitudes 80° et 90° il s'est couché.

---

13 Concernant la Lune près de l'horizon, la réfraction (la courbure de la lumière à travers l'atmosphère qui fait apparaître les objets célestes plus hauts) est prise en compte par le service de données Horizons du JPL de la NASA. Cependant, les hautes terres ou les nuages à l'horizon local, susceptibles d'obscurcir une Lune basse, ne peuvent être pris en compte. De plus, l'altitude de l'observateur est supposée nulle, comme s'il observait une étendue d'eau ou une plaine.

4. Moon as seen from high latitudes in summer.

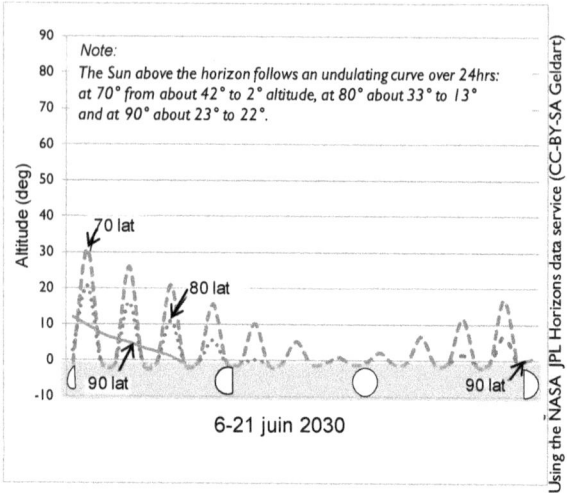

Au-dessus d'environ 70° de latitude en été, le Soleil commence à rester au-dessus de l'horizon pendant de longues périodes (soleil de minuit), cette durée augmentant avec la latitude de l'observateur..

5. Moon as seen from high latitudes in winter.

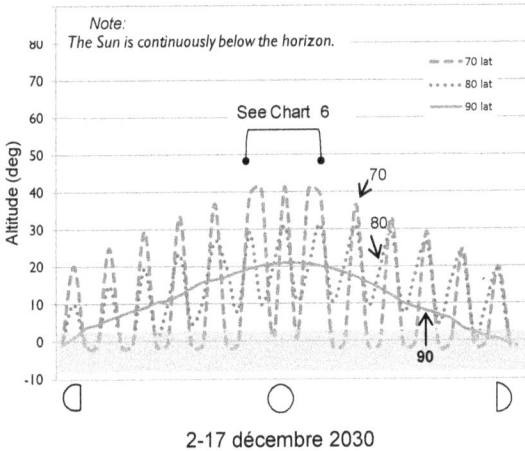

2-17 décembre 2030

Dans la carte 5, en hiver, les courbes ondulantes de la Lune sont plus élevées que dans la carte 4, en été, en raison de l'inclinaison quasi fixe de la Terre (diagramme A). On observe des transits supérieurs lorsque la Lune atteint sa plus haute altitude et croise le méridien de l'observateur, suivis de transits inférieurs 12 heures plus tard, lorsqu'elle ne s'est pas couchée et croise à nouveau le méridien. Notez que la courbe pour une latitude de 90° est relativement uniforme, car les transits supérieurs et inférieurs sont sensiblement identiques.

Ainsi, la Lune se trouve au-dessus de l'horizon et à basse altitude pendant une période prolongée lorsqu'elle se trouve, pendant environ un demi-mois, du côté nuit de la Terre. Ceci est vrai pour toutes les latitudes supérieures à environ 70° en hiver : elle reste au-dessus de l'horizon pendant environ six jours à 70°, onze jours à 80° et quatorze jours (tout le demi-mois) à 90°. La Lune ondule bas dans le ciel pendant tout ce temps.

Concernant le Soleil, au-dessus d'environ 66° de latitude en hiver, il reste sous l'horizon pendant des périodes de plus en plus longues à mesure que la latitude de l'observateur augmente (nuit polaire).

6. Full moon as seen from high latitudes in winter (detail)

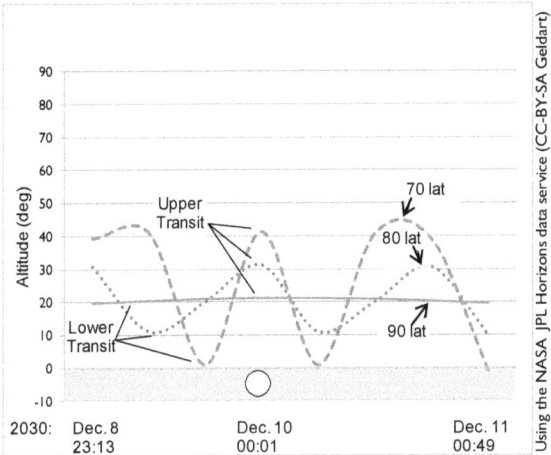

En zoomant sur le graphique 5, le graphique 6 détaille l'altitude de la pleine Lune pendant trois jours en décembre aux hautes latitudes. Comparez cela aux basses latitudes hivernales où les courbes sont plus hautes (graphique 2). À ces hautes latitudes, les transits supérieur et inférieur se situent tous au-dessus de l'horizon. Dans le cas de 90°, la ligne est très plate, car les deux transits se situent à peu près à la même altitude (20°, 21°)..

Aux hautes latitudes, les transits de la Lune traversant le méridien de l'observateur sont tels que les transits supérieurs sont observés avec un azimut d'environ 180° vers l'équateur et, 12 heures plus tard, lorsque l'observateur se trouve de l'autre côté de l'axe de la Terre, les transits inférieurs sont observés avec un azimut d'environ 0° au-dessus du pôle. Voir le tableau 2 détaillant les transits à 70°, 80° et 90° N (hémisphère nord).

Notes du tableau 2

À l'appui du graphique 6.

Az ‡ Pour les transits supérieurs à ces latitudes arctiques, les observateurs regardent vers le sud avec un azimut d'environ 180°. Les transits inférieurs sont observés vers le nord, avec un azimut d'environ 0° au-dessus du pôle. La raison pour laquelle les valeurs de la colonne Az ‡ ne sont pas toutes exactement égales à 0° et 180° est liée à la précision du calcul, minute par minute, dans les tables d'éphémérides du JPL Horizon.

*** À ces dates de mi-hiver, la Lune est continuellement au-dessus de l'horizon (sans lever ni coucher).

À 90° de latitude (le pôle), les deux transits lunaires ont environ la même altitude (20°, 21°).

Les valeurs d'altitude varient de 5° sur le cycle de précession de 18,6 ans de l'orbite lunaire. Par exemple, la valeur du transit supérieur à 70°, « 41 », serait inférieure d'environ 5° (vers le milieu des années 30) lors de l'immobilité lunaire mineure de 2015, et supérieure d'environ 5° (vers le milieu des années 40) lors de l'immobilité lunaire majeure de 2043.

Table 2. Data for upper and lower transits of the Moon
as seen from high latitudes in winter.
CC-BY-SA Geldart, based on data from the
U.S. Naval Observatory and NASA's JPL Horizons

Year: 2030

Latitude: N 70 °

Date	Rise	Az.	Upper Transit.	Alt.	Az ‡	Set	Az.	Lower Transit.	Alt.	Az ‡
	h m	°	h m	°	°	h m	°	h m	°	°
Dec-08	***		23:07	41 South	182	***		10:43	1 North	1
Dec-09	***		23:55	41 South	181	***		11:31	1 North	1
Dec-10	***					***		12:20	1 North	0
Dec-11	***		00:44	41 South	182	***		13:08	0 North	0

Latitude: N 80 °

Date	Rise	Az.	Upper Transit.	Alt.	Az ‡	Set	Az.	Lower Transit.	Alt.	Az ‡
	h m	°	h m	°	°	h m	°	h m	°	°
Dec-08	***		23:07	31 South	182	***		10:43	10 North	0
Dec-09	***		23:55	31 South	181	***		11:31	11 North	1
Dec-10	***					***		12:20	11 North	0
Dec-11	***		00:44	31 South	182	***		13:08	10 North	1

Latitude: N 90 °

Date	Rise	Az.	Upper Transit.	Alt.	Az ‡	Set	Az.	Lower Transit.	Alt.	Az ‡
	h m	°	h m	°	°	h m	°	h m	°	°
Dec-08	***		23:07	21 South	181	***		10:43	20 North	2
Dec-09	***		23:55	21 South	180	***		11:31	21 North	1
Dec-10	***					***		12:20	21 North	2
Dec-11	***		00:44	21 South	180	***		13:08	20 North	1

Geldart

Diagram D. Upper and lower transits of the full Moon as seen from a high latitude in northern winter. Author's diagram, not to scale. CC-BY-SA

Le diagramme D illustre les transits de la pleine Lune pour une personne se trouvant, par exemple, à Alert, au Canada, à 80° de latitude. Le transit supérieur de la Lune se produit vers minuit, lorsqu'elle traverse le méridien de l'observateur au-dessus de l'horizon à un azimut d'environ 180° (dans l'hémisphère nord, en regardant vers le sud). Pendant que la Terre tourne, environ 12 heures plus tard, l'observateur atteint le côté « jour » (toujours dans l'obscurité) et observe un transit inférieur vers le nord, en regardant par-dessus le pôle à un azimut d'environ 0°.

36

Circumpolaire

Pendant cette période, et pendant environ 14 jours où la Lune est du côté nuit, elle a, aux latitudes supérieures à environ 70°, ondulé au-dessus de l'horizon et est circumpolaire : pendant 6 jours vus à 70° de latitude, 11 jours à 80° et les 14 jours complets, soit un demi-mois, à 90°.

En été, aux hautes latitudes, la Lune et le Soleil sont circumpolaires et ne se couchent jamais pendant de longues périodes. La Lune peut parfois être faible dans le ciel plus lumineux.

En hiver, aux hautes latitudes, la Lune est circumpolaire et le Soleil est sous l'horizon.

Conclusion

L'orbite de la Lune ne dépend que de son environnement spatio-temporel, c'est-à-dire de sa masse et de son puits gravitationnel, entrelacés avec ceux de la Terre, du Soleil et du système solaire dans son ensemble. Sur les graphiques, l'altitude apparente de la Lune décrit une courbe ondulante de forme constante suivant les mois lunaires et traversant les années, sans tenir compte de notre rotation quotidienne, de nos mois, de nos saisons, des solstices et équinoxes du Soleil, ni de la phase lunaire elle-même. Pourtant, sa trajectoire au-dessus de l'horizon change d'une nuit à l'autre. Cela s'explique par le fait que la Lune orbite à environ 5° de l'écliptique et que son angle au nord ou au sud du plan équatorial de la Terre (sa déclinaison) varie au cours du mois lunaire. Cette déclinaison, associée à la latitude de l'observateur, permet de calculer l'altitude de la Lune vue depuis n'importe quel point.

Deux facteurs contribuent à comprendre la position de la Lune. Premièrement, en s'éloignant de la latitude tropicale où elle se trouve au zénith, elle apparaît progressivement plus basse dans le ciel. Deuxièmement, en raison de l'inclinaison (fixe) de la Terre, la pleine Lune apparaît plus haute en hiver (lorsque la déclinaison du Soleil est minimale et celle de la Lune maximale) qu'en été, où la situation est inversée : le Soleil est maximal et la Lune minimale.

L'observateur doit être capable de comprendre les raisons de la position de la Lune et d'imaginer ce que l'on observe sous d'autres latitudes.

Geldart

www.ingramcontent.com/pod-product-compliance
Lightning Source LLC
Chambersburg PA
CBHW052123030426

42335CB00025B/3096